爱上自然课
AISHANG ZRANKE

地球之肺：森林群落
DIQIU ZHIFEI: SENLIN QUNLUO

知识达人 编著

成都地图出版社

图书在版编目（CIP）数据

地球之肺：森林群落 / 知识达人编著 . — 成都：
成都地图出版社 , 2017.1（2021.5 重印）
（爱上自然课）
ISBN 978-7-5557-0309-9

Ⅰ . ①地… Ⅱ . ①知… Ⅲ . ①森林－青少年读物
Ⅳ . ① S7-49

中国版本图书馆 CIP 数据核字 (2016) 第 094269 号

爱上自然课——地球之肺：森林群落

责任编辑：向贵香
封面设计：纸上魔方

出版发行：成都地图出版社
地　　址：成都市龙泉驿区建设路 2 号
邮政编码：610100
电　　话：028－84884826（营销部）
传　　真：028－84884820

印　　刷：唐山富达印务有限公司
（如发现印装质量问题，影响阅读，请与印刷厂商联系调换）

开　　本：710mm × 1000mm　1/16
印　　张：8　　　　　　　字　　数：160 千字
版　　次：2017 年 1 月第 1 版　印　　次：2021 年 5 月第 4 次印刷
书　　号：ISBN 978-7-5557-0309-9

定　　价：38.00 元

目 录

像蜈蚣一样的肾蕨

同学们，你们见过蜈蚣吗？它给人的第一印象就是长了数不清的脚，那些脚密密麻麻地排列着。蜈蚣到底长了多少只脚啊？嘿嘿，它可不会停下来让你细细数！其实，脚多可不仅仅是蜈蚣的专利。在大自然中，还有一种和蜈蚣长得很像的植物，它就是肾蕨。

肾蕨是一种蕨类植物，成熟后的高度一般在0.5米左右。令人觉得奇怪的是：它没有真正的根。说到这儿，可能有人会问：没有根，它们怎么生长呢？

　　其实肾蕨之所以能生长在土里，主要依靠的是主轴和根状茎上长出的不定根。

　　叶子是从根茎上生长出来的，一片叶子的长度甚至不亚于植株的高度哟！它新生的嫩叶会像卷心菜一样卷起来，上面还有银白色的茸毛，嫩叶慢慢伸开后，绒毛就会消失。长到成熟时，叶

子的表面会显得有光泽，摸起来也非常光滑。

　　小朋友们知道吗，肾蕨又叫作"蜈蚣草"，

它大约有40～80对羽毛状小叶片，就像蜈蚣的脚

一样，不过它们的"脚"可比蜈蚣的还多呢！

　　虽然肾蕨和蜈蚣的物种不同，但是它们的习

性极其相似。蜈蚣喜欢待在潮湿阴暗的地方，而肾蕨通常生长在热带和亚热带地区的森林潮湿处，它们多数长在溪边林下的石缝中和树干上，尤其喜欢温暖潮湿以及背阴的地方。

每一种植物都有它的作用，肾蕨也不例外，那么它有哪些值得夸奖的优点呢？

人们并不因为肾蕨长得很像蜈蚣而害怕、讨厌它，而是将它当作一种观赏类植物。肾蕨很容易栽培，长得很健壮，只要简单打理，便可以达到观赏装饰的效果。另外，它们一年四季都保持浓绿，形态十分自然美观，所以被广泛应用到客厅、办公室和卧室的装饰上，特别是被用作吊盆式盆栽，

看起来别有一番情趣！

　　大家可能不知道吧，肾蕨除了用作观赏外，它还是一种传统的中药材呢！它的植株和块茎都可以入药，主要的功效就是清热利湿、宁肺止咳和帮助消化等。除此之外，像感冒发热、咳嗽、痢疾、急性肠炎这些常见的疾病，也可以用肾蕨来治疗。大家可以在医生开的药物里面找一找，一定会发现肾蕨这种成分的。

　　更让人惊叹的是，看着不起眼的肾蕨还被誉为"土壤清洁工"。为什么这么说呢？因为它们能够吸附砷、铅等有害重金属，它们吸收土壤中砷的能力可是普通植物的20万倍呢！

桫椤曾是恐龙爱吃的食物

恐龙是曾经在地球上繁衍生息1.6亿年的爬行类动物，在恐龙生存的时代，现在地球上的动物、植物，大多数还没有出现呢，更不要说我们人类了。然而在约6500万年前的白垩纪，突然发生了物种大灭绝事件，恐龙和当时的其他动物、植物，绝大部分都灭绝了，只有极少数幸存下来。因此，恐龙时代的一切，都值得人们关注。

今天要介绍的一种植物——桫椤，就是当年恐龙最爱吃的食物之一。当

然，更准确地说，桫椤是与恐龙曾经生活在同一个时代、存活至今的一种植物。有的科学家将它称为树蕨。

桫椤属于蕨类植物，它最早生活在比银杏树还要古老的石炭纪，距今已经有3.5亿年的历史，可以说，桫椤是现代植物王国的老祖宗！但远古时代的桫椤和现今的桫椤在外形上有着很大的区别。

恐龙时期的气候很适宜生物的生存，雨水也特别丰富，

所以大多的植物都长得高大茂盛，这些条件对喜欢温暖潮湿的桫椤也不例外。所以，那个时期的桫椤长得高大挺拔，一般都可以达到20多米。它们的叶子都生长在树干的顶端，就像一把绿色的大伞。不过对于体形高大的恐龙来说，尝到这些美味的叶子还是十分容易的。后来，由于地壳运动，绝大多数的桫椤已经被埋到了地下，而且早就成为我们生活当中的煤炭了。

现今，大多数蕨类植物都长得比较矮小，但是桫椤依旧占据蕨类王国的"霸主"之位。因为现在的桫

桫椤一般高3～4米，比较高的可以长到8米左右。从外观上来看，它有点像椰子树，光溜溜的树干，羽毛状的复叶都长在树顶，远远看去，体态十分潇洒优美。

不过可惜的是，桫椤没有种子。它和大多数的蕨类植物一样，都是依靠孢子来完成繁衍的。它的叶子背面有一个个黄褐色的小圆包，这个小圆包就是孢子囊，里面藏着孢子。孢子和种子很相似，成熟后的孢子会自然地落到土壤

中，然后生根发芽，最后长成一株高大挺拔的桫椤。

别看桫椤长得也高高大大的，但它们的茎干木质却不怎么样，因此不能作为木材使用。不过，小朋友们不要以为它们没有什么优点了！

其实桫椤的茎干中含有丰富的淀粉，做成食物的话，可以补充人体能量，也能入药。在中药里叫龙骨风的药，就是来自于桫椤茎干的物质，有着祛风除湿、活血化瘀、清热止咳的功效。

龙骨风

树上安家的北桑寄生

　　如果现代人在树上建房子，那一定是一件很稀奇的事。植物也是这样，大多数植物都把"家"安置在土壤里，然后长大，开花、结果，繁衍后代。

　　但有少数植物却把"家"安置在树上。对它们而言，树是它们的家。今天就给大家介绍一种在树上安家的植物——北桑寄生。

提起寄生，小朋友们都会想起那些住在别人家里白吃白喝，依赖他人生存的"寄生虫"吧？

那本文要介绍的北桑寄生，是不是"寄生虫"呢？

请小朋友们了解之后再做评判，可别冤枉了它。

在生活中，我们见到的大多寄生植物，都是完全依赖寄主。在它们身上完全没有能够进行光合作用的叶绿素，所需要的一切都要从别的植物身上索取，我们称这种植物为"全寄生植物"。北桑寄生的茎叶能够产生叶绿素，而且还能进

行光合作用，即使是寄生在别的树上，它也会保留有绿叶，只有生长所需的水分和矿物质会跟寄主索要。这样看来，它就像是树木的孩子！

北桑寄生的高度一般在1米左右，尤其喜欢寄生在栎树、桦树以及苹果树等植物的树枝上。那么它们是怎么爬到那高高的树枝上去寄生的呢？

北桑寄生每到果期就会结出金黄色的果实，觅食的鸟儿就会被吸引前来采摘。这个时候它的机会就来了。它的果实外面会分泌出一种很黏的物质，鸟儿啄了果子嘴就会被黏住，不得不到树枝或树干上蹭掉嘴上的果实，这时果实便会黏在树木上。等果实腐烂后，里面的种子就留在了树枝的表面。

到了第二年，在适度的阳光照射和雨水的滋润下，北桑寄生开始发芽，长出吸附根，深入到树枝的表层，然后长出茎叶，最后与寄主融为一体。这就是为什么北桑寄生能寄生在树上的真实原因了。北桑寄生可真是一种聪明的植物！

有人会说，万一鸟儿直接把果子给吞进肚子里了，那北桑寄生不就没有办法寄生了吗？哈哈！即使鸟儿将果子吞了下去也没关系，因为鸟儿无法消化果实的种子呢。当鸟儿栖息在树上的时候，北桑寄生的种子会跟着

鸟儿的粪便重回树枝上。所以啊，最终它们还是能够在树上开花结果的！

多么奇怪呀，硕果累累的枝头上面竟然没有一个果子是树木自己结出来的，看来北桑寄生能为其他植物增添光彩呢！

北桑寄生还是一种中药材，有补肝肾、强筋骨、祛风湿、安胎等功效。医生常用它治疗风湿病痛、腰膝酸软、筋骨无力、高血压等，而且都有显著的效果。

怎么样，北桑寄生不是像你们想象中那样的寄生虫吧！

能消肿的金花忍冬

　　大自然中的植物千千万万，有很多的植物我们都不知道它的名字和用途。

　　下面，来介绍一种常见但名字却难叫的植物——金花忍冬。

　　金花忍冬有很多让我们熟悉的别名，比如"狗骨头""黄花金银花""黄花忍

冬""麻皮"等等。

金花忍冬一般能长到4米高左右，幼枝和叶柄上长有一些较粗糙的毛。叶子一般为菱形，摸起来感觉像纸一样，正反两面都长有一些细毛，但触摸起来并不怎么扎手。金花忍冬就像是一只浑身长满细毛的猴子，千万不要让它的毛掉落在我们的皮肤上，不然会很痒的！

如果五六月份到山区去玩，就可能看到金花忍冬开花。它的花色有黄色和白色两种，花期比较长，能开足整个夏天呢！一直到秋天，花朵才会凋谢。到了八九月份，红色的果实就会成熟。果实呈圆形，直径约5毫米。

那么，在哪里才能看到金花忍冬的身影呢？其实我国的大部分地区都有金花忍冬的身影。

瞧，沟谷中、树林下或林缘灌丛中，它们就这么安安静静地扎根在泥土中，不争不抢，就像是个世外隐者！

　　金花忍冬不蔓不枝，花开得不多，也不太鲜艳，所以没能作为一种观赏性极强的植物被人们大量栽培，所以我们看到的金花忍冬大多都是野生的。

不过，那些正在挖掘金花忍冬的伯伯们为什么要把它们带回家呢？

原来，在我国的很多地区，人们都喜欢将野生的金花忍冬采回家晒干，密封好，到了第二年的时候用它做花茶的原料，泡茶喝。用它沏出的茶有点苦味，但却是一种清热解毒的圣品哟！除了沏茶喝之外，外用的话，还能起到活血化瘀的作用呢！

小羊最爱的沙棘

"我们是一群小小的羊，小小的羊儿都很善良，善良得只会在草原上，懒懒的美美的晒太阳，虽然邻居住着灰太狼，虽然有时候没有太阳……"听着音乐，我们的脑海中会不由自主地浮现大草原上的羊儿们。不过，小朋友们知道爱吃、爱睡的懒羊羊吃的"青草蛋糕"是什么植物做出来的吗？其实呀，就是沙棘！在说这种植物之前先给大家讲一个关于沙棘的故事吧！

传说在古代的一个原始部落中，生活着一群善良的牧民。每当他们的马儿老了或者疾病缠身后，总是不忍心杀掉，于是就将马儿放回山野中，任由它们自生自灭。但令人感到惊奇的是，过不了多久，这些马儿又总会跑回来。更加奇怪的是，重回部落的马儿不但没有半点病态，而且看起来雄姿飒悍。

刚开始，牧民们以为是有神仙给马儿们吃了丹药，后来他们便跟着马儿到了一片茂密的果林中，只见那些马儿正在吃一种野果。经过长期的观察，牧民们才确定这种果实能让马儿"起死回生"，因此他们便称这种果实为"圣果"，也就是沙棘。

小朋友们，你们知道这种神奇的植物生存有多久了吗？告诉你吧，它在地球上生存已经超过两亿年了。如今，它们的分布非常广泛，已经跨越欧洲和亚洲的温带地区。在亚洲国家中，我国是沙棘分布区面积最大、种类也最多的国家。

　　沙棘还有很多别称，它也被称为醋柳、酸刺，它属于季节性落叶灌木。沙棘是一种生存能力很强的植物，因为它耐旱又能抗风沙，作为一种水土保持植物是再好不过的了。为什么呢？因为它的根系十分发达，能深入土壤，即使土壤里充满盐碱，它们也能顽强地生存。除了抗风沙以外，在雨季的时候也能有效地保持水土，防止水土流失。

　　沙棘的枝叶非常茂盛，到了秋天，

枯枝败叶就会慢慢地掉落，地下的根系也会逐渐死亡，腐烂的根和枝叶就成了土壤的肥料，这可真是"化作春泥更护花"！另外，它的植株内也含有一种特殊的酸性物质，这种物质能够非常有效地提高土壤中的酸性。

　　沙棘的果实也是一宝。它

沙棘的美容价值

沙棘可是美容养颜的好材料，它富含沙棘油、大量维生素E、维生素A、黄酮和SOD活性成分。这些成分能够有效帮助人们抗击衰老。市场上的一些面霜中也含有沙棘成分。

的果肉中含有丰富的微量元素、氨基酸以及其他生物活性物质，而且它还是世界植物群体中公认的维生素C之王呢！这么丰富的营养除了做成沙棘果汁供我们享用之外，还能作为动物的饲料呢！

这下大家知道，为什么懒羊羊长得那么肥了吧！

皇宫名花名太平

太平花有很多好听的名字："北京山梅花""丰瑞花""太平瑞圣花"等。古往今来，很多诗人都用优美的诗句赞扬过它。

太平花一般能长到2米高，外表呈栗褐色，分枝光滑不长毛。叶子是椭圆形，一般长5厘米，叶面上分为3条主脉。叶子的边缘就像是鲨鱼的牙齿一样，一不小心就可能被割伤！

每当春末夏初，太平花便会绽放。它们的花朵为白色，就像白雪一样纯净，花蕊为黄色，盛开的时候更是幽香四溢。一簇簇的聚集在枝头，十分美丽，又好像在说什么悄悄话。到秋季的时候，卵圆形的果子点缀在枝头，让人看了馋涎欲滴！

太平花作为一种观赏花卉，非常有名。在清朝以前，它可是非常名贵的花卉品种，一般只有达官贵人或者皇宫才会有栽培，平民百姓家很难见到。

另外，它们的寿命极长，有的可以存活百年。如今，在海拔1500米以下的山坡、林地、沟谷或溪边向阳的地方都能发现它们的身影。

小朋友们，你们是不是也想种上一株太平花呢？那就不得不了解一下种植它的注意事项啦！

通常情况下，每年10月是它的果期，这个时候就可以找种子了。不过找到之后不要直接种，而是要将种子进行密封储藏起来，到了第二年3月再播种，只有这样它才能生长。如果要想让它长得更加茂盛，最好在春季发芽之前适量地放一些含有腐殖质的土壤，比如把腐烂的叶子埋到上

里。这样一来，太平花在盛开的时候就可以更加花繁叶茂了。

除了用种子进行种植外，还可以利用它的树枝进行繁殖。将一根比较长的太平花枝条埋进土里，当它长出根来的时候，就可以和大树"断绝关系"，成为独立的太平花树喽！

另外，太平花喜欢阳光，耐干旱。所以小朋友们不要给太平花浇太多的水，因为水太多会使它烂根的哟！

太平花虽喜燥恶湿，但仍需及时科学地补充所需水分，应根据不同地区、不同季节进行适时浇水。一般情况下，3—4月每月浇水1次，5—6月气温相对升高，可每月浇水2次，7—9月雨水较多，要及时排水。太平花11月进入休眠期，要浇1次越冬水。千万不要用已污染的池塘水、湖水，特别是含酸、碱量较多的水浇灌哟！

小叶鼠李的果实像黑球球

　　自然界中有很多名字与动物有关的植物，像是羊角槭、蜈蚣草等，而且绝大部分的外形和动物长得很相似。小朋友们，你们知道小叶鼠李吗？它可不是一种小动物，而是一种植物。听到它的名字你一定觉得奇怪，难道是因为它长得很像灰不溜秋的小老鼠？别着急，下面就让我们来看一下小叶鼠李究竟是一种什么样的植物吧！

小叶鼠李有好多别名，比如"麻绿""黑格铃""雅西勒"等。别看它名字特别，但事实上，它和常见的枣树、酸枣没多大区别。

小叶鼠李的植株并不高，最高也就2米多，还没有咱们的篮球健将姚明高呢！它的树皮呈灰色或暗灰色，看上去比较单一，枝干较坚硬，笔直地耸立在泥土中，就像是一个威武挺拔的军人。不过它的树枝却不长，一般成对地生长在树干上，刚生出来的嫩枝是灰褐色的，而刚长出来的叶子则有短细毛，随着它的成长慢慢变成褐色或紫褐色。

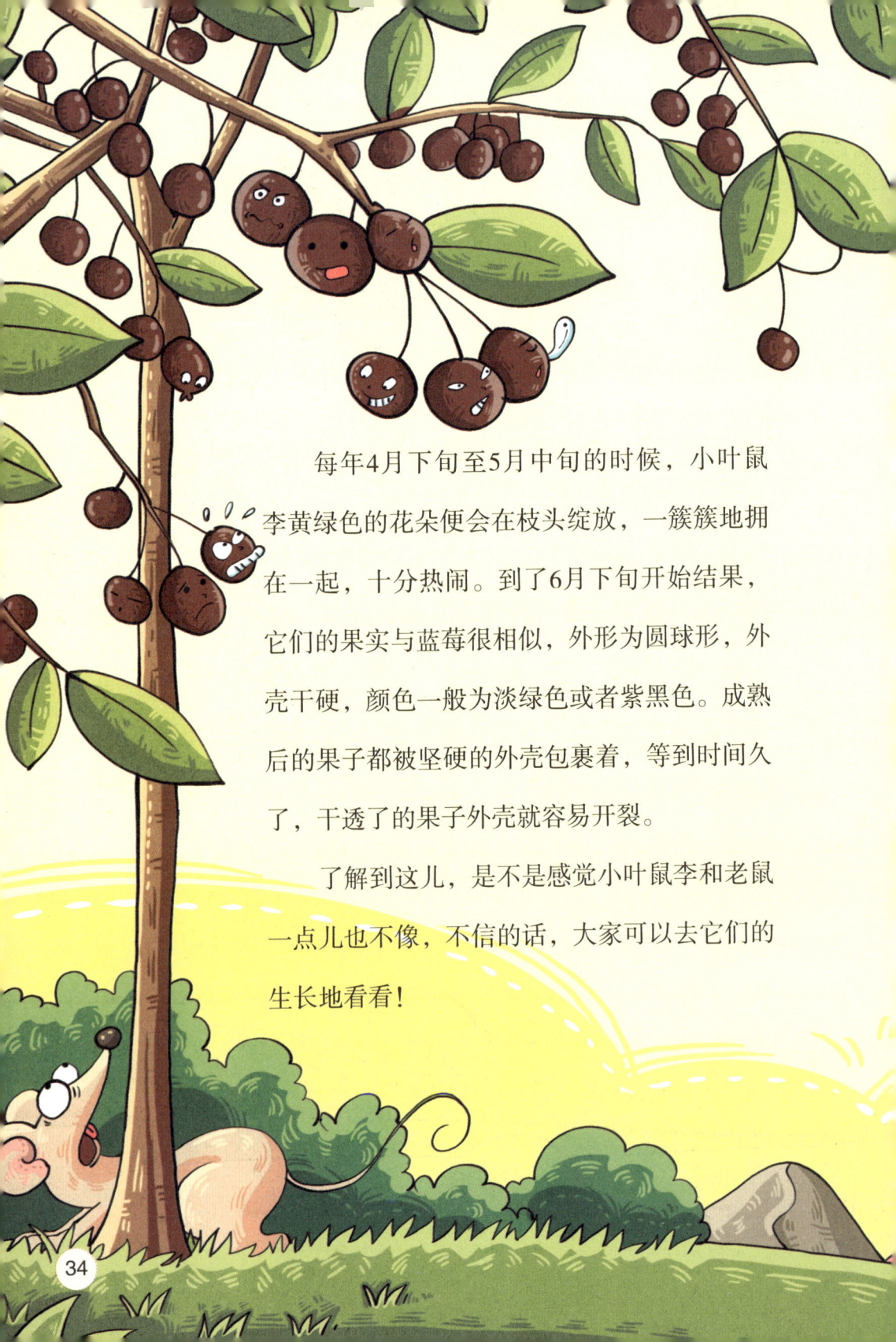

每年4月下旬至5月中旬的时候，小叶鼠李黄绿色的花朵便会在枝头绽放，一簇簇地拥在一起，十分热闹。到了6月下旬开始结果，它们的果实与蓝莓很相似，外形为圆球形，外壳干硬，颜色一般为淡绿色或者紫黑色。成熟后的果子都被坚硬的外壳包裹着，等到时间久了，干透了的果子外壳就容易开裂。

　　了解到这儿，是不是感觉小叶鼠李和老鼠一点儿也不像，不信的话，大家可以去它们的生长地看看！

我国的黑龙江、吉林、内蒙古、河北、山东、山西、河南、陕西等省区都有种植小叶鼠李，国外则多分布在蒙古、朝鲜和俄罗斯。小叶鼠李是一种喜欢阳光而且耐旱的植物，所以它们通常都生长在石质山地的阳坡或山脊上。

　　和许许多多的植物一样，小叶鼠李也浑身是宝！它的果实可以制成中成药，其主要功效是清热降火，消肿散结。在临床上常用于治疗便秘、腹胀、瘰疬等！

另外，小叶鼠李的树皮还可以用作染料，种子能够用来榨取工业用油。因为小叶鼠李的适应能力极强，又很能耐干旱，所以在一些干旱地区都会大面积的去栽种。从这方面来看，它还是一种固土、护坡的优良树种！

小朋友们现在明白了吧，虽然小叶鼠李的名字十分奇怪，但是它可不是惹人讨厌的"过街老鼠"！

照山白的身上
有好多"鳞片"哟!

大家熟悉杜鹃花吗?它们的花朵又大又红,花瓣上的条纹与杜鹃鸟羽毛的花纹十分相像。世界上已知的杜鹃花有500多种,照山白便是其中比较知名的一种。

照山白，又被称为"照白杜鹃""小花杜鹃"，主要分布在我国的辽宁、河北、河南、陕西、湖北、四川、山东等地。它不喜欢灿烂的阳光，喜欢阴暗，喜欢待在肥沃的酸性土壤中。它们的适应能力很强，既耐寒又耐旱，可以和沙漠当中的仙人掌相比。所以，在一些比较贫瘠的土地上，它也能够绽放光彩呢！那么，照山白究竟长什么样呢？

一般我们在山坡上或者山沟石缝里就能发现照山白的身

影。照山白的高度约2米，它的幼枝就像是一条龙，上面覆盖着很多的鳞片。叶子为长圆形，被褐色的短毛覆盖着。每年5—7月的时候，照山白便会绽放出一个个娇小的花骨朵，它们成簇地生长在枝顶，看上去很漂亮。花朵为白色，花瓣上也被褐色鳞片包裹着。到了7月份，花朵凋谢，果实慢慢地生长起来。它们的果实为长圆形，就像是一个小型的褐色橄榄球，整体看起来就像一个披着盔甲的战士！

自古以来，很多的古籍都记载过照山白，因为除了供观赏外，它还是一种药材！它的枝叶都可以入药，有祛风、通络、调经止痛以及止咳等功效。

不过，在这里提醒大家，照山白可是有毒的，而且它的毒性不小，整株都有毒。尤其是春季的幼枝嫩叶，其毒性要比秋季的枝叶大上10倍呢！

你喝过杜仲泡的茶吗？

"茶"是世界三大饮料之一，在国内外都比较受欢迎。但是，小朋友们可能都不怎么喜欢喝茶，因为它总是苦苦的，没有甜甜的饮料好喝。那么，小朋友们想不想尝尝苦中带甜的杜仲茶呢？

杜仲通常都能长到20多米高。它的主干上长有很多分枝，这些分枝比较光滑，颜色为黄褐色，不过也有的颜色比较浅。

它的叶子交错着生长，呈椭圆形，先端（叶、花、果实等器官的顶部）渐尖，边缘的地方有锯齿。新生嫩叶的向阳面长有绒毛，不过比较稀疏，背阴面的绒毛生长得比较细密一些。但是在叶子老了之后，绒毛就会自行脱落，变得光滑起来。一般在每年的四五月份的时候，杜仲花便会开放。

杜仲多生于山林之中，它们喜欢生长在阳光充足的山坡上，喜欢温暖湿润的气候，比较耐寒，对于土壤要求并不高，所以在丘陵和平原地带都可以种植。

杜仲有野生和人工培育两种。野生的杜仲大多产自我国湖南省的张家界，而人工培育的杜仲主要分布在江苏省。不过在国内其他许多城市也有广泛种植。说到这儿，大家可能会好奇了，为什么人们要花费那么多的精力来种植杜仲呢？

因为杜仲是我国非常名贵的滋补药材。以杜仲初春新发的芽叶为原料，然后经过专业加工治成杜仲茶，能够降血压、强筋骨、补肝肾等，同时还能降脂、降糖、减肥、通便排毒、促进睡眠，效果都非常明显。

另外，杜仲的数目十分稀少，这使它成为一种极其珍稀的森林植物！如今，它已经成为我国四大紧缺专控药材之一，和冬虫夏草齐名了。

怎样饮用杜仲茶

饮用杜仲茶可是有讲究的，上等的杜仲茶一般是以每年初春新发的芽叶为原料加工制成的。泡杜仲茶水温一般在85℃左右，也就是水开了后稍放凉一会儿，然后加入杜仲盖上盖子闷泡5分钟，反复冲泡不宜超过3次，每天的量大约在20克左右。一定要注意，杜仲茶的第一泡千万不能倒掉，因为有效成分几乎全都在第一泡茶中了！

我不是红葡萄，
我叫北五味子！

　　说到葡萄，小朋友们会不由自主地想到它紫红的颜色、酸甜爽口的味道、多汁的果肉，哎呀，大家是不是都要流口水了呢？接下来要说的这种水果，它长得很像葡萄，却不是葡萄，它叫作"北五味子"。

　　北五味子的别名有很多，它又叫作"山花椒""乌梅子"等等。它是一种藤本植物，和葡萄长得很相似。它的高度一般为8厘米左右，最高的能长到15厘米。老藤皮为暗褐

色，幼茎为紫红色或淡黄色，成熟后的茎则十分柔软坚韧，能够攀附在其他的树木上，但北五味子可不是一种寄生植物哟！

与多数藤本植物一样，北五味子的叶子也是以互生的方式长在茎上的，形状为倒立的卵形，和小朋友们的手掌差不多大小。它们的叶子为鲜艳的绿色，十分有光泽，边缘带有稀稀疏疏的细齿，不过这些细齿可没有杀伤力。

每年5月，北五味子便会开花，它的花朵为乳白色，像牛奶一样诱人。每到秋季，丰硕的果实成串地挂在茎上，和红葡萄几乎没有差别，不过，放到嘴里尝尝，差别就出来了。因为它的果实可是能酸掉牙齿的，比杨梅、柠檬还要酸上许多呢！

野生的北五味子多生长在黑龙江的小兴安岭山区中，它们喜欢凉爽、湿润的气候，一般生活在林间的空地上或者溪流两岸的树林当中。如果硬要把它们栽种到干旱贫瘠和黏湿的土壤中，它们就会慢慢枯萎。它们不耐旱，但是却非常耐寒，在-42℃的严寒地带，它们依然能正常存活。看来北五

味子还是一种坚韧不拔的植物呢！

　　千万不要因为北五味子没有葡萄美味而看不起它，它可有着葡萄比不了的用途，下面我们就来说说吧！

　　北五味子的果实当中含有17种氨基酸，其中有8种是我们人体所必需的。另外，它还含有多种维生素，能够很完美地补充人体所需要的能量。虽然，它的味道很酸，不好直接

入口，但是用白糖腌制后兑水喝就非常美味了！小朋友们，如此说来，它还是一种非常有营养的水果呢！

　　除了食疗的作用外，北五味子还能够入药。它能够起到益气、止渴、益智、安神等神奇的功效，在很多的健脑安神产品当中都有它的一席之地呢！

别致美丽的绣线菊

　　梅、兰、竹、菊是花中的四君子，其中离我们生活最近的就是菊花了，无论是常见的装饰，还是降火气用的菊花茶，我们对它都不陌生。菊花种类很多，下面就来认识一种叫作"绣线菊"的菊花吧！

　　绣线菊，是一种灌木，它能够长到2米多高。枝

条密集，小枝有短毛。叶子为椭圆状，叶边带有锯齿，在叶子的表面和茎部长满短细柔软的毛。

绣线菊是一种典型的两性花，花朵以粉红色为主，由于花期比较长，颜色也淡雅美丽，所以常用来做园林景观栽培种植。

绣线菊是一种喜欢阳光、耐阴凉的植物。同时，它也比较抗寒、抗旱，在温暖湿润的气候和深厚肥沃的土壤里都长得特别好。在我国，绣

线菊主要分布在辽宁、内蒙古、河北、山东、山西等地；在国外则主要分布在蒙古、日本、朝鲜、俄罗斯西伯利亚以及欧洲东南部。

除了用作观赏之外，它的叶子可以入药，其主要功效是清热解毒，无需加工直接就可以用。如果有创伤，还可以将它的叶子捣碎，然后敷在伤口上，不用等多久就能消肿了。另外，在我国很多医学典籍当中都有它的相关记载，有的说它能够治头疼，还有的说它能够延年益寿。对

此，还有一个古老的传说呢！

传说，在2000多年前，河南南阳的郦县有个叫作"甘谷"的村庄。这个地方民风古朴，景色宜人，邻里之间相处十分和睦。而且，在村庄的山谷中流出的泉水特别甘甜。

山泉流经的地方长着许多又大又漂亮的黄色花朵，泉水日复一日年复一年地从花丛中流过。不知道从什么时候开始，山泉水的甘甜里又多了一股清香味。后

来，村民经过很长时间才发现，正是山上那些黄色花朵的花瓣散到了水中，才使得水有了清香味。多年来，村里的人一直饮用这特制的泉水。据说，村里的人一般都活到了130多岁呢，最低的也活到了80岁。其实啊，这里说的黄花就是"绣线菊"。

绣线菊看起来是弱不禁风的花儿，但事实上却是能力非凡呢！

虽然我有刺，
我可是药材！

秦始皇曾经耗费大批的人力、物力，去寻找传说中的长生不老药。其实长生不老药是不存在的，但是有一种药材确实有着延年益寿的功效，它就是我国中医药材当中的重要一员——刺五加！

刺五加，又叫"南五加皮""五谷皮""红五加皮"，它的高度在1～6米之间。它的身上长满了刺，这些刺生长在它的枝叶和茎之间，一眼望去十分密集，比玫瑰花的刺还要锋利。

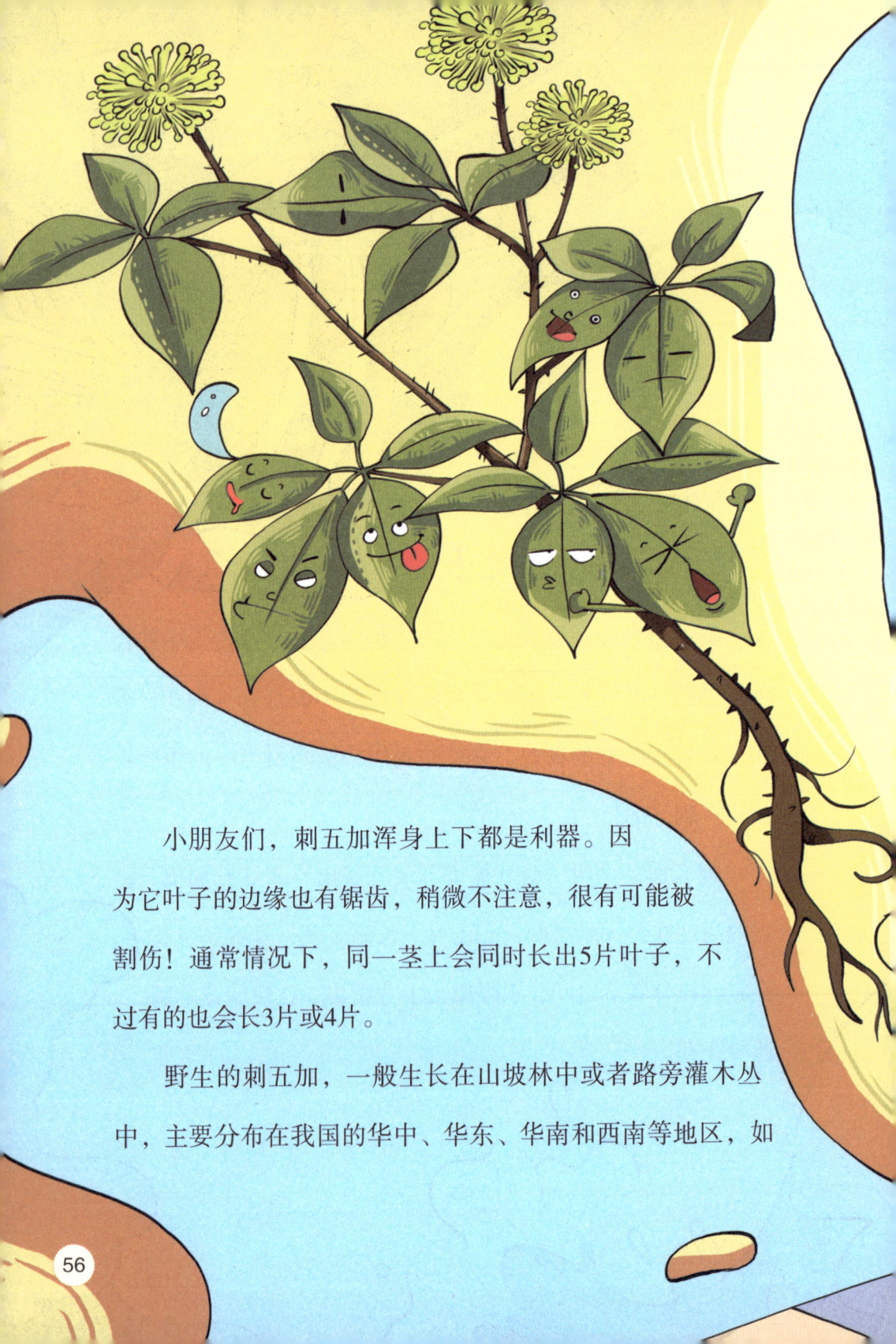

　　小朋友们，刺五加浑身上下都是利器。因为它叶子的边缘也有锯齿，稍微不注意，很有可能被割伤！通常情况下，同一茎上会同时长出5片叶子，不过有的也会长3片或4片。

　　野生的刺五加，一般生长在山坡林中或者路旁灌木丛中，主要分布在我国的华中、华东、华南和西南等地区，如今也有人工栽培。

许多的医学典籍中都有刺五加的身影。比如李时珍就曾在他的传世之作《本草纲目》中，对刺五加进行了非常详尽的描述。

如果长期服用刺五加，不仅能够添精补髓，还能抗衰老呢，并且对于延年益寿也有神奇的作用。除此之外，它还能够治疗一些疾病，比如风

湿类疾病。在生活中，常常有人说："宁得一把五加，不用金玉满车。"也就是说，只要有了刺五加，连满车的金银珠宝都可以不要。原来刺五加比金银珠宝还要值钱呢！其实主要是因为它能够壮筋骨。

红松可不是红色的

水杉是植物界的活化石，因为它在地球上存活了几亿年的时间，它见证了恐龙的灭亡，见证了地球的成长。小朋友们，有一种植物与水杉一样古老，它就是红松。据调查，天然红松林是经过几亿年的更替演化形成的，它有着"第三纪森林"之称呢！那么，红松究竟有哪些地方可以和水杉相媲美呢？

红松也叫作"果松"和"海松"，它是一种特别高大的树木，一般天然的红松能长到25米以上的高度。要是条件允许的话，有的甚至能够长到40多米高。红松的树皮一般是灰褐色的，表面比较平滑，大树的树干上部经常出现分枝。

红松的材质非常优良，因为它的树干通直粗壮，纹理直，且耐水、耐腐、不易翘曲、不

开裂，可谓是天然的栋梁之材。所以经常用在建筑、航空、桥梁和车船材料上。我国古代的很多宫殿以及现在的人民大会堂，其中的栋梁都是红松。

红松的果实种粒很大，含油量也很高，是一种营养价值很高的木本油料，连它的松针都能提炼出油来。它的果实——松子，是我们非常喜欢的食物。松子含有丰富的蛋白质、脂肪以及各种我们所需的矿物质，营养价值非常高。松子也可以入药，在李时珍的旷世著作《本草纲目》当中就有着相应的记载。多食松子能够治疗风湿、肠胃不适等疾病，还可以抗衰老！

　　红松寿命很长，一般都能存活三四百年，有的甚至能够活到500岁呢！即使是在多年生的木本植物大家族里，它也算是一个老寿星了！那么，我们在哪儿可以找到它们呢？

　　野生的红松在我国只有东北的小兴安岭到长白山一带有分布，小兴安岭的自然条件最适合红松生长，因此全世界一半以上的红松资源也都分布在这里。除了我国，只有在俄罗斯、日本、朝鲜的部分区域才能看得到它们的影子了。

从红松的生长地看，我们便能发现它们的习性。红松喜欢冷凉湿润的气候，虽然需要阳光，但是并不喜欢太强烈的光照。对于土壤的要求并不高，只要是微酸性的土壤基本都能生存。

红松树王

你听说过红松树王吗？它生长在小兴安岭中部阳坡红松林核心地带的"红松故乡"，树高一般可达38米，胸径大约1.7米。红松树王寿命比较长，一般可以活760多年，是欧亚大陆北温带最古老、最丰富、最多样的生态系统中的植物界"活化石"。

我从雪山来

　　小朋友们知道雪松长什么样子吗？让我们一起走进雪山看一看。

　　雪松还有一个美丽的名字叫"香柏"。雪松与南洋杉、日本金松齐名，是世界著名的三大观赏树种之一。

雪松身材非常高大，最高能长到80米。它的枝叶非常浓密，树冠似宝塔。雪松的叶子并不是白色，和所有的松树一样，都是终年苍翠的，而且姿态非常雄美，因此有着"树木皇后"的美称。在西方，很多家庭过圣诞节的时候，都会带回一棵小雪松，在它的枝头上点缀一些饰品，装点圣诞的气氛。

　　自古以来，人们给予了雪松许多美好的赞誉，陈毅元帅就曾经为它作过这样一首诗："大雪压青松，青松挺且直。要知松高洁，待到雪化时。"由此也可知它的美好品质了。当然，从中也可以发现雪松的生活环境是怎样的！

雪松原产于喜马拉雅山的雪山上，在我国只有西藏南部有分布。它生活在条件异常恶劣的环境当中，常年被积雪覆盖，让人们很难看出它原本的容貌。

　　不过，大家知道吗，其实雪松是一种很喜欢阳光的树木，而且它对温度变化的适应力相当强。虽然生命力很强，但是它们不耐涝，在积水的土地中很容易生长不良，甚至死亡。所以，一般适合生长在土层深厚、排水良好的中性或微酸性土壤当中！

小朋友们知道雪松对我们人类有哪些贡献吗？

由于雪松长年不枯，而且还有繁茂雄伟的树冠，所以很多园林在绿化时会将它们种植于道路两旁，远远看去显得非常壮观。它还具有较强的防

尘、减噪与杀菌的能力，对于一些工厂和噪音大的地方来说，种植它真是再合适不过的了。除此之外，它还能被做成盆栽，用以美化和观赏。

雪松还有非常好的医疗用途。在古埃及的时候，人们就学会了将雪松油添加到化妆品中，用来美容。古埃及人在制作木乃伊时也离不开雪松精油，有的古埃及人还将雪松的木材用来做棺木及船桅。

随着科技的进步，我们对它的利用更先进了，比如从木片或木屑中萃取出精油。雪松精油还是一种绝佳的护发剂，能有效对抗头皮屑。

　　另外，松香是人类使用得最早的芳香物质之一，在一些寺庙中常用它来焚香。

　　这样一种用途多多、品质优良的树木当然很受人们的欢迎。在黎巴嫩，雪松作为国树被人们爱护着。他们认为，雪松富有力量，是民族恒久信仰的象征。雪松虽然不是我国的国树，但是我国的南京、青岛、三门峡、晋城、蚌埠、淮安等城市都将它作为市树呢！

哇！松树也会落叶

松树给人的感觉是"万年长青"，因为它一年四季都是青葱翠绿的，所以人们常常用"不老松"来形容它。不过，在松树的王国里，也有一种会落叶的，它就是华北落叶松。

一般成年的华北落叶松有30多米高，树干直径约1米，需要两个人才能环抱住呢！它的树皮为暗灰褐色，而且上面还有不规则的开裂。小朋友们，你们可不要以为这是因为它们的年龄大造成的，其实这是一种自然现象哟！

　　和许多松类植物一样，华北落叶松的树冠也是圆锥形的，树枝都是朝上生长，极少有下垂的枝条。也正是因为这样的生长特性，所以

它被人们赋予了"积极进取""努力向上"的精神品质。

虽然说华北落叶松也是四季常青的树，但和其他的松树有所区别，每当秋天来临，它就会有一些叶子开始老化，慢慢枯黄，最后从枝头飘落。到了第二年，又会长出新的叶子。另外，它的果实表面非常粗糙，上面布满了鳞片，和大多数的松果样子差不多。

华北落叶松，它是我国特有的一个树种。因此，野生的华北落叶松也只有我国才有分布，而且只分布在河北、山西、辽宁等北方省份。

不同的松树，其对生长环境的要求也不一样。华北落叶松和雪松不同，它的环境适应能力非常强。但是将它放在湿润、通风、排水通畅的深厚土壤中的话，能够长得更加繁茂。华北落叶松耐旱、耐涝，不过在湿地里生长状态不如旱地。它的耐寒性也非常好，可以在$-50℃$的环境中正常生长。

你知道华北落叶松的价值都有哪些吗？

首先，它的材质不仅厚重，还十分坚实，抗压以及抗弯曲的强度都非常大，而且耐腐的能力特别强，因此木材的工艺价值很高，是电杆、枕木、桥梁、矿柱、车辆和建筑等的极佳用材。

其次，它的树冠整齐呈圆锥形，叶轻柔而潇洒，很有观赏价值。它还具抗烟能力，因此华北落叶松还真是一个优良的园林绿化好树种呢！

五针一束的华山松

去过华山的人，都知道那里长着姿态挺拔的松树——华山松。松树高大挺拔，树冠优美、针叶苍翠，叶五针一束，而它高尚的品格自古以来就被人们争相传颂，很多古籍里面都有记载呢！在植物学上，华山松为松科，属常绿乔木。

下面，我们来认识一下华山松。

华山松，又叫"葫芦松""五须松""果松"等。它长得十分高大，成年后一般能长到35米左右，

光是树干的直径就有1米多！通常，它们的树皮呈灰绿色，也会有淡灰色。在树干尚且稚嫩的时候，摸上去手感平滑，但是等到

长成老树时，树皮就会裂成方形或长方形的厚片。就好像人类年轻的时候，皮肤十分光滑，等到老年后，就会变得满脸皱纹一样。

大家可千万不要去触碰华山松的叶子啊，因为扎到了就像打针一样，可是很疼的！它们的叶子和所有松树的一样，都像是一根根细针，每五针为一束，有规律地生长着，姿态非常优美。每年四五月份的时候，花朵在枝头绽放。要等到第二年的秋天，果实才会成熟。

华山松可是一位贵族，它是植物学上的一个独立品种，因为生长在华山而得名。虽然它叫作华山松，可不要以为它只在华山才能生长，在我国云南、贵州、四川、长江流域以

及西藏雅鲁藏布江下游的高山上也有分布的！

由此可以看出，华山松是一种喜欢阳光的树木，它们喜欢在温凉湿润的气候里生长，不耐寒也不喜欢高温，在略微干燥瘠薄的土地上也可以成活。

华山松能够成为华山的主人，自然有它出众的地方。自古以来，松树都是艺术家们的素材，无论是在诗中，在画里，还是在典籍中都有它的身影。我们熟悉的诗仙李白就曾经有赞美松树的诗篇："愿君学长松，慎勿作桃李。"而宋朝的苏轼也曾这样感叹道："不以时迁者，松柏也。"它傲然屹立的姿态、奋发向上的

精神品格不知鼓舞了多少人！

在众多的绿化观赏风景树中，华山松是点缀庭院、公园、校园等场所的珍品。当然，华山松还有着其他的优点，比如具有保持水土、防止风沙侵袭等功能。

华山松的木材材质轻软，纹理细致，很容易进行加工，更重要的是，它不但耐水还能耐腐，自古以来就有"水浸千年松"的美誉，因此是名副其实的栋梁之材，常作为工业原料。

可惜的是，如今这些华山的主人们大多都枯死了，现在华山上存活的华山松古树只有50多棵了！这是为什么呢？专家说，这是因为游客众多，把古树旁边的泥土踩成了实地，无法蓄水，因此华山松开始枯萎，加速了它的死亡。

杜松可以排毒呀！

在植物世界里，有一种神奇的树木，因为它可以排毒，而被称为"圣药"，这就是我们下面要说的植物——杜松。

杜松又被称为"圆柏"，其实它是柏树当中的一种。成年的杜松一般高12米左右，大概和咱们的三层楼一样高。年

轻的杜松树，其树冠为圆柱形，年纪比较大的杜松树，其树冠呈圆头形。

　　杜松的大树枝直立生长，小枝下垂，它们的叶子为刺形叶条状，摸起来十分坚硬，叶子的顶端很尖锐，叶面上有凹下去的深槽，让人诧异的是，槽内居然有一条狭窄的带有白粉的物质，叶子的背面有明显的纵脊，就像缩小了千万倍的山脉一样。

杜松的花期在每年5月份左右，花期结束后会长出蓝黑色的浆果，直到第二年10月份，果实才会完全成熟。

你们知道吗，杜松原产于我国的黑龙江、吉林、辽宁、内蒙古、河北北部、山西、陕西、甘肃及宁夏等省区的干燥山地，自东北海拔500米以下

的低山区至西北海拔2200米的高山地带都有分布。另外，朝鲜、日本也有杜松分布。

杜松是一种很喜欢阳光的树种，它不惧怕严寒，在寒冷的天气里也能够很好地生长。另外，杜松对土壤没有严格的要求，由于它是深根性树种，主根比较长，侧根非常发达，在一些石灰岩形成的栗钙土中也能成长，甚至还能在海边干燥的岩缝间生长呢！怎么样，杜松像不像一个铁铮铮的大将军呢？

小朋友们，关于杜松的功效可是有很多传说的。在西藏，它被用以预防瘟疫。在希腊、罗马与阿拉伯，医生都很看重它的抗菌功效。在蒙古，妇女们生宝宝的时候，都会以杜松来助产。生活在15世纪的药草学者们都极为赞赏杜松，因为它是医治咬伤的特效药。在古凯尔特语中，"杜松"是"咬伤"的意思。

除了药用之外，杜松还有着很多用途，比如近些年来非常受欢迎的杜松精油，气味比较清新、略带木头香，在匈牙利、法国、意大利和加拿大等国都十分受欢迎。

可以酿酒的桦树

瞄，这棵树长得真奇怪，它的树皮好像奶牛身上的花纹。它挺拔的身子高高地耸立着，仿佛能冲上云霄。小朋友们知道这是什么树吗？这种树可以酿酒，酿出来的酒不仅十分芳香，而且对人体有很多好处，其实它就是神奇的桦树！

桦树可以分为白桦、红桦、硕桦和黑桦等种类，在全世界都有广泛的分布，从北温带到寒带

酒

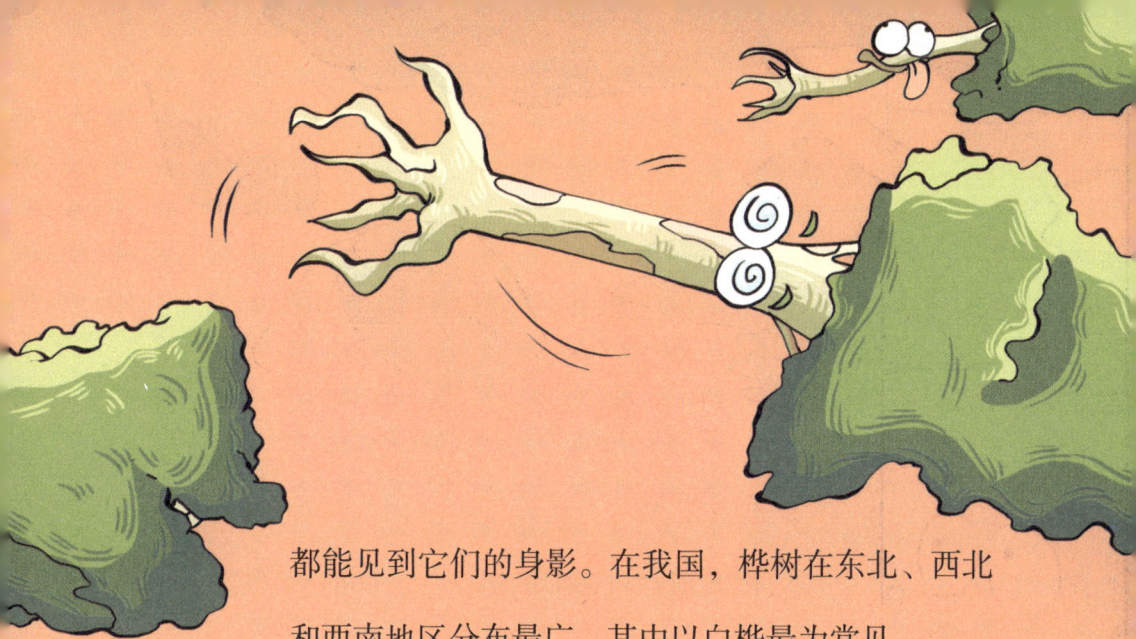

都能见到它们的身影。在我国，桦树在东北、西北和西南地区分布最广，其中以白桦最为常见。

白桦最神奇的地方在于它们的种子，因为种子上长有一对"小翅膀"，好像一个睡着了的小天使。这对"翅膀"不但好看，而且有很大的作用，它可以帮助种子飞行，这样种子随着风就能进行传播了！也正是因为这样，白桦树才能够世世代代地繁衍生息，即使是被毁坏的森林，它们也会在那里生根发芽，长成郁郁葱葱的大家庭。

竹子具有极其顽强的生命力，不过和白桦比起来，它还差了点。因为白桦的顽强不仅表现在对环境的适应上，同时它还是一种萌芽力非常强的植物，即使把它们采伐了，它们也能自行萌芽呢！

使人惊奇的是，白桦在幼年的时候，每年能长高1米，只要长上10年，就能成为一棵健壮的桦树了！不过它的寿命并不是很长，和我们人类的年龄比较接近，50岁后，就会进入衰老期了。

所以呀，人们都会在桦树变老之前利用它，那它都有哪些能耐呢？

桦树木材材质比较坚硬，抗腐能力差，受潮易变形，它并不适合作为建筑用料，但可以制作成胶合板、枪托、农具或者工艺品。从它当中也能够提取一些用于生产的物质，比如天然香料、皮革油以及化妆品的原料，树皮可提取焦油，

等等。另外，它也是一种观赏树种，园林运用非常广泛。

桦树汁取自大兴安岭境内原始森林中的野生白桦树，是一种无色或微黄色的透明液体。天然桦树汁是目前世界上公认的营养丰富的生理活性水，含有20多种氨基酸，24种无机元素，维生素B1、B2和维生素C，因而桦树汁饮料具有抗疲劳、抗衰老的作用，是21世纪最具潜力的功能饮料之一。其中碳水化合物、氨基酸、有机酸及多种无机盐类，是人体必需且易吸收的微量元素。

虽然桦树的数量品种很多，生命力也很顽强，但是如果不加以保护，一味地砍伐利用，那么它早晚也会成为濒危的物种。要知道，只有将保护和利用相结合，我们才能获得它最大的价值！

看我像不像绿色的宝塔？

小朋友们知道有一种叫圆柏的植物吗？

圆柏又被称为"桧柏""红柏""红心柏"，它们可是大自然中天然的宝塔，因为它们的外形与塔十分相似，在我国的大部分地区都能看到它们的身影呢！

圆柏一般高20米，胸径达3～5米。树冠呈尖塔形；树皮灰褐色，裂成长条片。幼树枝条斜上展开，到顶端的位置才逐渐收拢，就好像一个三角形。远远地看去，树冠就像一座座绿色的宝塔。圆柏的叶子和松树的叶子比较像，叶子呈披针形，长0.6～1.2厘米。每年4月开花，10—11月结果。果实接近圆球形，2年成熟，直径6～8毫米，暗褐色，有1～4颗卵形种子。

不过在生长的第一年，花朵不会绽放，只有在第二年的春天才会开花，而且雌花和雄花都长在树枝的最顶端。它们的果实一般也是到了第二年的秋天才会成熟。

　　圆柏的根能深入土壤中，好像是一双双力气非凡的手，牢牢地抓住泥土不放。它们侧根非常发达，因此圆柏都是长得笔直笔直的。

　　那么这座绿色的"宝塔"有啥用途呢？

小朋友们可不要被蛊惑了，圆柏可不是《新白娘子传奇》中的雷峰塔，因为它材质坚硬，能够散发出杀虫和解毒的气味，耐腐蚀力也非常强，所以可以用作制作图板、铅笔、家具或建筑的木材。

　　另外，圆柏中含有大量负氧离子，这种离子能够提高人体免疫机

柏树的名字从哪来?

传说有一位名叫赛帕里西亚斯的少年，他从小就喜欢骑马和狩猎。有一天，他狩猎时竟然不小心将神鹿给射死了。这突如其来的意外让少年几乎悲痛欲绝。后来，爱神厄洛斯就向总神提出，免去他的罪孽，将他化为柏树终身陪伴在神鹿的墓旁。从此以后就有了柏树的名字，柏树渐渐地就成了长寿不朽的象征。

能，能够松缓精神、稳定情绪，所以它还有着一定的保健作用。圆柏的树脂、树油、果实、枝节、树叶全部都能入药使用，老中医们经常使用它们的!

圆柏存在的本身就是一种象征，因为它不惧怕严寒，所以在我国一直以来它都代表着正气、长寿，是不朽的象征。

穿着"红衣服"的红端木

大自然是奇妙的，它给予了树木们不同颜色的衣裳，嘻嘻，其实这件衣服也就是树皮。比较常见的有灰色、棕色、褐色，但也有一些稀有颜色，比如黑色、白色，等等。不过，小朋友们见过穿着红衣服的树木吗？红端木就是这样的一种落叶灌木！

红端木主要分布在我国的东北和华北地区，在国外则分布在朝鲜、俄罗斯及欧洲其他地区。它们一般生长在海拔600米以上的杂木林中，它们的邻居多种多样。

另外，红端木是一种坚忍不拔的树木，它极能

耐寒、耐旱，同时也耐修剪，就像个打不死的"小强"！那么，红端木究竟长什么样子呢？

红端木，又被称为"红梗木""凉子木"。从外观上看，它的植株并不高，也就2米左右，树干直立挺拔，树皮为红色，枝丫为血红色，剥去树皮之后的茎干十分光滑，颜色为黄绿色。等到冬季落叶之后，神奇的事情便要发生了：它的枝干会变得更加红，看上去就像是涂上了一层红色的油漆一般，非常醒目。

它的叶子呈灰绿色，形状为椭圆形，不过到了秋天的时候，叶子就会和枫叶一样，变成红色。远远望去就像血色的珊瑚一样，让人有种在海底遨游的感觉。

　　红端木的花朵比较特别，花是白色的，在每年的夏天开花。等花朵凋谢后，白色的果实便会悄然立在枝头，每年夏秋交替时成熟。

　　红端木，学名红瑞木。"瑞"字在我国代表着吉祥，红色是喜庆的颜色。人们将红端木看作一种象征着好兆头的树木。如果有院子，种上一棵红端木，那在过年的时候该有多喜庆啊！正是由于它的可观赏性，所以很早就有了人工栽培。红端木大多都用种子进行繁殖，也可用它的树枝进行繁殖。

　　除了观赏外，红端木还有极高的医药价值呢！在一些医学典籍里，会发现红端木能清热解毒、止痢、止血的记载。同时对于湿热痢疾、肾炎、风湿关节痛、目赤肿痛、中耳炎等病症也有着不错的疗效呢！

开白花的流苏树
好美啊！

　　小朋友们知道流苏是什么吗？在中国结下面坠下来的稻穗一样的细线就是流苏了。如果有一种植物长成流苏的样子，那会不会很迷人呢？事实上，大自然中的确存在这样一种树，它叫作"流苏树"。

流苏树有很多别名，比如"萝卜丝花""茶叶树""四月雪"等，其中以"四月雪"的称呼最形象，那是因为它在4月开花，并且花朵还是白色的！

每年流苏树的花季来临时，花朵便会争先恐后地绽放，不仅看上去美丽异常，闻上去更是清香扑鼻。那一簇簇垂下来的花儿聚集在枝头，就像飘起了雪花似的。也因为它独特的美丽，所以在建筑物的四周或公园中的池畔，以及人行道旁都有种植，流苏树是当之无愧的美化树种之一。

这样一种独特的树木，在哪儿可以瞧见呢？其实，流苏树主要产于我国的北方地区以及云南、广东、福建、台湾等省，在国外则多分布在日本和朝鲜半岛。另外，它可是我国二级保护植物，相当珍贵。

流苏树的适应能力很强，它抗得了干旱，抵得住严寒，因此在长江以北到北京的大片地区都可以种植。

流苏树的寿命很长，如今，最长寿的流苏树在我国的山东省淄川区峨庄乡土泉村，这棵流苏树活了有上千年。这棵树因树形之大，存活之久，被誉为"齐鲁树王"！

有资料记载，这棵声名远播的高寿流苏树，是战国时期齐桓公亲手栽种的。传说，在很多年以前，土泉村有一片茂密的流苏树林，齐桓公继位后，非常高兴，他为了庆祝在"悬羊山决战"中战胜鲁庄公，就在那里种下了这棵流苏树。

小朋友们，这棵长寿树生长在山岩的石缝之中，树下有流苏泉，泉水甘冽清澈，终年不息。据当地的人们说，

流苏树的应用价值

流苏树高大优美，枝繁叶茂，每年在初夏时节整个树上都会开满白花，煞是好看。当然，除了作为景观植物外，它还有其他价值。比如：流苏树刚长出的嫩叶可以泡茶饮用；结出的果实可以用来榨油；它的木材坚硬，纹理细致，可以用来制作器具。流苏树可谓浑身是宝啊！

这棵流苏树每年都会开花，一到花开的时候，隔着几里远都能闻到它的香味！此花香味与别的流苏树花香味完全不同，而且它还有散淤平喘的效果，很多病者都会慕名而来，观赏的游客更是络绎不绝。后世的人们还说，这棵流苏树散发的清香是齐桓公用酒浇树后产生的呢！

提供轻软木材
的毛泡桐

　　小朋友们坐过飞机吗？
在交通工具如此发达的今天，
相信很多人为了方便快捷，都会将
飞机作为出行的首选。当我们在机场看着那
庞然大物时，是不是感叹科技带来的神奇力量呢？
　　如果有人告诉你，做飞机需要一种植物——毛泡桐，
你会觉得奇怪吗？其实不必奇怪，制造飞机，需要各种轻
体材料，其中包括轻体木材。最好的轻体木材就是桐木，
它质地轻、材质好，用于制作家具、箱体、机舱隔板等，
具有防潮、防霉、透气、保鲜等特点。

毛泡桐是提供桐木材的主要树种，它一般能长到20米高，树皮为褐灰色，上面通常长有白色斑点。它的叶柄上长有黏性的毛，能够分泌出一种黏性物质，别看黏液脏兮兮的，却能吸附大量烟尘和有毒气体呢。所以啊，它可是城镇绿化建设中首选的树种呢！

　　毛泡桐的花期在每年的5—6月，盛开时，一簇簇紫色花或白色花在树头晃动，微风拂过清香扑鼻。它的花冠像是漏斗一样，有一点像放大版的喇叭花。每年8—9月结果，果实成熟后

外壳摸上去有皮革的质感。

毛泡桐就像大熊猫一样，是我国的特有树种。它主要生长在东北、华东、华中及西南等地，是一种耐寒耐旱、耐盐碱、耐风沙的树种。另外，它对气候的要求不是很高，只要气温不高于38℃，或不低于−25℃，都不会对它的生长造成影响。

毛泡桐除了用作城市美化之外，它的根皮还可以入药，有治疗跌打损伤的功效。桐木是轻体木材，是制作飞机部件和乐器的原材料呢！

君迁子也是一种枣树

　　吃过枣子的小朋友一定觉得它香香脆脆的，而且还多汁香甜，尤其是做成蜜饯的枣子，更是甜到心里去了。不过枣子也分很多种，我们比较常见的是红枣和青枣。其实还有一种颜色奇特的黑枣，如它的名字一样，全身黑不溜秋的，不过，它还有一个雅致的名字，叫作"君迁子"。

君迁子属于落叶乔木，它比起一般枣树要高大许多，树高在5～10米之间，一些野生的君迁子能够长到30米高。这么高的树木，等到它果子成熟的时候就让人头疼了，因为不会爬树的人，只能在树底下眼巴巴地看着了！

君迁子的树皮是黑色或灰褐色的，而且上面有很多裂痕。一般在每年的5—6月份开花，花朵的颜色会由淡黄色，逐渐转变成淡红色。等到了

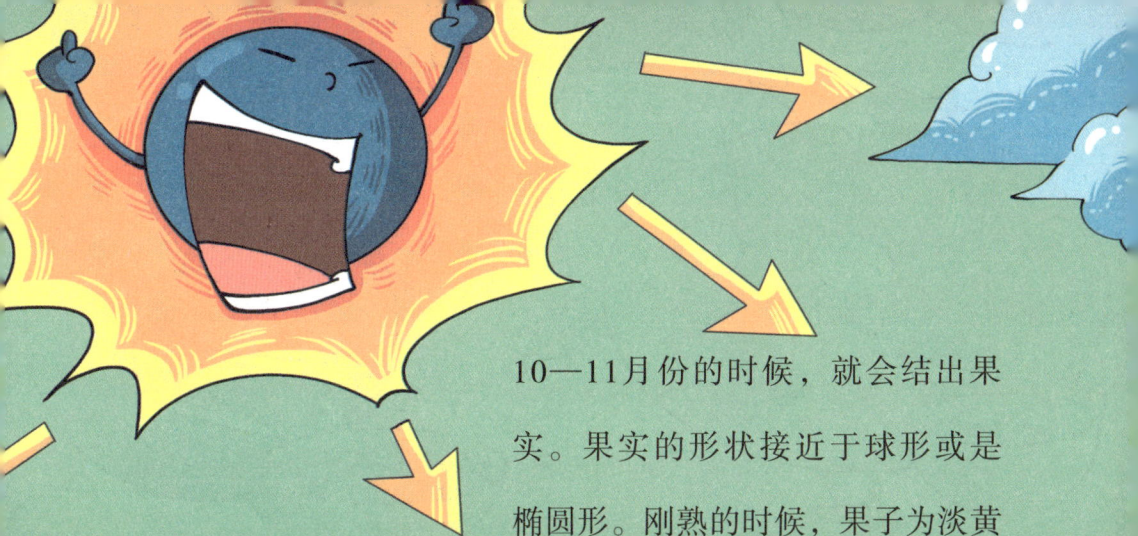

10—11月份的时候，就会结出果实。果实的形状接近于球形或是椭圆形。刚熟的时候，果子为淡黄色，熟透以后便会变成我们常见的蓝黑色。

君迁子是一种喜欢阳光的树木，不过它也比较耐寒，它们喜欢在土壤肥沃的地方生长。如今主要分布在我国的辽宁、河北、山东、陕西等北方省份，在中南以及西南等地也有分布。

说起君迁子的用途，那可要说上三天三夜了！它的果实当中含有大量的营养物质，其中包括保护眼睛的维生素A，

帮助身体新陈代谢的维生素B，以及促进生长的矿物质，像人体内的钙、铁、镁、钾等元素，也都含有呢！

　　君迁子虽然被归属为"枣类"，不过它可是柿子家族的成员。因为它和柿子一样，都含有大量的一种叫作单宁的物质。在这儿，小朋友们可要记住了，如果遇到含有这种物质的食物，绝对不能空着肚子吃很多，不然很容易得胃结石的哟！

钾

铁

钙

山杨树是白桦树的"好朋友"哟！

每个人都有自己的朋友，所谓的朋友就是有了高兴的事会一起分享，有了困难就会相互帮助。在动物的世界中，动物们也都有朋友，比如犀牛的朋友是木樨鸟。那么，在植物世界里，树与树之间也能成为好朋友们吗？告诉你们，山杨和白桦树就是一对好朋友。

山杨既没有白桦的高大挺拔，也没有古松的粗壮有力，更没有银杏、香樟那样的珍稀华贵。即便如此，它还是常常受到人们的称赞。

山杨又被称为"大叶杨""响杨"，它一般高20米左右，也有高达25米的呢！从体型上看，它们与白桦树差不多。山杨的树皮十分光滑，颜色是淡绿色或淡灰色，老树的底部则为暗灰色，枝叶几乎都长在了树木的顶端，树冠为圆形。每年的4—6月份是它开花结果的季节，到时候大家可以去观察一下。

说到这儿，可能大家会疑惑，在哪儿可以找到它们呢？

山杨的分布十分广泛，主要分布于我国的黑龙江、

内蒙古、吉林、华北、西北等高山地区。绝大多数生长在山坡、山脊和沟谷地带。而这些地方通常也是白桦树喜欢的环境，所以它们总是相伴出现，就像是形影不离的好朋友。

山杨的角色可不仅仅是白桦树的朋友。比如它的木材是白色的，轻软并富有弹性，可以用来制造纸、家具和建筑材料等。而它的嫩枝则可以用来编织箩筐。

在中医上，山杨还可

以制成一种中成药。这种药药味稍苦，主要用来清热解毒、消痰等。另外，对于消化不良和感冒发热都有着不小的作用。

不仅如此，山杨还是一种十分美丽的观赏树木，因此被人们广泛种植，不过和大多数能够扦插繁殖的树木不同，它多用种子或是用根来繁殖。

小朋友们家里如果有院子的话，也可以种上一棵山杨树的！

六道木长得快

它是园林中的花仙子，柔顺的枝条自然地垂下来，偶有

风吹来，它就婆娑起舞。绿篱和花径就是它的家园。每年的

春夏都是它灿烂的季节，到那时候，它便花开成雪，闪耀出

一片洁白的世界。这时，粉红的花蕊和墨绿的叶片就显得更

加好看。你认识它吗？它就是六道木。

六道木的树身不是很高大，却很健壮，有的和小朋友们差不多高，但有的比大怪兽史瑞克还要高呢！

六道木叶小无刺。其树皮呈灰色。树干有天然的纹路，去掉树皮后，木面光滑，呈微黄色。它的花季在夏天，花呈粉红色，7—9月花开不断，幼枝带红褐色。叶呈长圆形，叶缘有粗齿。8—9月结果，果实呈椭圆形。

六道木的生长速度非常快，需要经常进行修剪才行，不然会看到它们"不修边幅""蓬头垢面"的形象呢。一般情况下，它们都生活在温带落叶阔叶林、亚热带落叶、常绿阔

叶混交林，以及亚热带常绿阔叶林当中。在我国西南部空旷的地方、小溪旁边、树林里或者岩石缝隙中，都能见到它们的身影。

　　小朋友们，虽然六道木个头不高，但是它的家族成员可

不少呢！如果要细分的话，六道木差不多有30多个品种，单是我国就占了9种呢！在各种各样的六道木当中，大花六道木是比较早出现的一种园艺树种，我们在公园中看到的六道木就是大花六道木。

六道木品种多样，观赏效果也比较好，但是目前六道木在园林中仍不多见，为什么会这样呢？这是因为我国园艺品种引进比较晚，所以很多人都还没有认识到它的价值，其实

它的花果可以入药，有着
祛风除湿、消肿解毒的功效呢！

　　另外，人们常会犯一个常识性的错误，经
常把"六道木"和"六道子"混淆。其实这是
完全不同的两种植物，前者是忍冬科花卉，是
灌木，生长速度快；后者是降龙木的别名，是
乔木，生长速度缓慢，常用来做叉齿、耙齿和
念珠。

　　怎么样，现在小朋友们是不是对六道
木有了一个全新的认识呢？

栓皮栎，专供树皮的树种

树干在结构上分为树皮和木质两个部分。树皮包裹着坚实的木质部。木材来源树干的木质部，绝大多数树木都是提供木材的，但也有专门提供树皮的树种。树皮不仅可以供药用，过去常用的暖水壶软木塞、现在多见的葡萄酒软木塞，都是用栎树的木栓层制作的。

栓皮栎喜欢光线充足、土壤肥沃的环境，通常生长在山坡，主要分布在我国的辽宁、台湾、云南、甘肃和陕西等

地。其中，陕西秦岭和山西的大别山又是分布最多的地带。

　　小朋友们可别小瞧了这家伙，它虽然长得很低调，但是它的用途却很多。

　　栓皮栎的栓皮层那么厚，几乎都快把木质部给占没了，不过树皮的木栓在剥下来以后可制作成软木，有着比重轻、浮力大、弹性好、不导电传热、不透水透气、抗腐蚀和防震隔音等良好特点，因此常常被用于军事国防工业、轻工业和建筑行业等。

另外，栓皮栎的果实内含有大量的可食用淀粉，能够维持人体能量。同时还可用于酿酒和制取葡萄糖，或是用来制取活性炭、提炼拷胶和黑色染料等，用途非常广。当然啦，它的枝干也是宝贝哟，比如用于培养优质香菇、木耳、银耳、灵芝等，还有它的叶子则可以作为蚕宝宝们的食物呢。